四川省工程建设地方标准

四川省装配式混凝土建筑预制构件生产和施工信息化技术标准

The production and construction information technology standard for fabricated precast concrete component of assembled buildings in Sichuan Province

DBJ51/T088 – 2017

主编部门： 四 川 省 住 房 和 城 乡 建 设 厅
批准部门： 四 川 省 住 房 和 城 乡 建 设 厅
施行日期： 2 0 1 8 年 4 月 1 日

西南交通大学出版社

2018 成 都

图书在版编目（ＣＩＰ）数据

四川省装配式混凝土建筑预制构件生产和施工信息化
技术标准 /成都市土木建筑学会，成都市第二建筑工程
公司主编. 一成都：西南交通大学出版社，2018.4
（四川省工程建设地方标准）
ISBN 978-7-5643-6133-4

Ⅰ．①四… Ⅱ．①成… ②成… Ⅲ．①装配式混凝土
结构 – 预制结构 – 技术标准 – 四川 Ⅳ．①TU37-65

中国版本图书馆 CIP 数据核字（2018）第 068904 号

四川省工程建设地方标准

四川省装配式混凝土建筑预制构件生产和施工信息化技术标准

主编单位　成都市土木建筑学会

成都市第二建筑工程公司

责 任 编 辑	杨 勇
助 理 编 辑	王同晓
封 面 设 计	原谋书装
出 版 发 行	西南交通大学出版社 （四川省成都市二环路北一段 111 号 西南交通大学创新大厦 21 楼）
发 行 部 电 话	028-87600564　028-87600533
邮 政 编 码	610031
网 址	http://www.xnjdcbs.com
印 刷	成都蜀通印务有限责任公司
成 品 尺 寸	140 mm × 203 mm
印 张	1.875
字 数	45 千
版 次	2018 年 4 月第 1 版
印 次	2018 年 4 月第 1 次
书 号	ISBN 978-7-5643-6133-4
定 价	24.00 元

关于发布工程建设地方标准
《四川省装配式混凝土建筑预制构件生产和施工信息化技术标准》的通知

川建标发〔2018〕32号

各市州及扩权试点县住房城乡建设行政主管部门，各有关单位：

由成都市土木建筑学会和成都市第二建筑工程公司主编的《四川省装配式混凝土建筑预制构件生产和施工信息化技术标准》已经我厅组织专家审查通过，现批准为四川省推荐性工程建设地方标准，编号为：DBJ51/T088－2017，自 2018 年 4 月 1 日起在全省实施。

该标准由四川省住房和城乡建设厅负责管理，成都市土木建筑学会负责技术内容解释。

四川省住房和城乡建设厅
2018 年 1 月 10 日

前　言

根据四川省住房和城乡建设厅《关于下达四川省工程建设地方标准〈四川省装配式混凝土建筑预制构件生产和施工信息化技术标准〉编制计划的通知》（川建标发〔2016〕714号）的要求，本标准由成都市土木建筑学会、成都市第二建筑工程公司会同有关单位经调查研究，认真总结实践经验，参考国内有关先进标准，并在广泛征求意见的基础上制定完成。

本标准共分6章和10个附录，主要内容包括：总则；术语；基本规定；信息化编码；信息化管理；信息系统管理。

本标准由四川省住房和城乡建设厅负责管理，由成都市土木建筑学会负责具体技术内容的解释工作。为提高标准编制质量和水平，各单位在执行本标准时，请将有关意见或建议反馈给成都市土木建筑学会（地址：成都市青羊区长顺下街139号1栋2214号；邮编：610031；电话：028-86243990），以供今后修订时参考。

主 编 单 位：成都市土木建筑学会

　　　　　　　成都市第二建筑工程公司

参 编 单 位：成都建工工业化建筑有限公司

　　　　　　　四川省建筑设计研究院

　　　　　　　成都市建筑设计研究院

　　　　　　　成都市第八建筑工程公司

成都市第九建筑工程公司
成都市工业设备安装公司
成都市墙材革新建筑节能办公室

主要起草人： 张　静　　刘　刚　　章一萍　　冯身强
王　础　　钱　峰　　田泽辉　　李　维
何　磊　　张仕忠　　曾宪友　　周　豫
王　超　　陶扬威　　唐丽娜　　王永斌
文俊杰　　刘永滨　　王　恒　　胡夏凤
梁　虹

主要审查人： 吴　体　　向　学　　毕　琼　　傅　宇
薛学轩　　冉先进　　童　涛　　王　科
贾大强

目　次

Contents

1 总 则

1.0.1 为规范装配式混凝土建筑预制构件生产和施工过程的信息化管理，做到信息安全、技术可靠，同时使构件生产和施工各环节处于受控和可追溯的状态，制定本标准。

1.0.2 本标准适用于四川省装配式混凝土建筑预制构件生产和施工信息化管理。

1.0.3 装配式混凝土建筑预制构件的生产和施工信息化管理，除应执行本标准外，尚应符合国家和四川省现行有关标准的规定。

2 术 语

2.0.1 装配式建筑 assembled building

结构系统、外围护系统、设备与管线系统、内装系统的主要部分采用预制部品部件集成的建筑。

2.0.2 装配式混凝土建筑 assembled building with concrete structure

建筑的结构系统主要由混凝土部件（预制构件）构成的装配式建筑。

2.0.3 装配整体式混凝土结构 monolithic precast concrete structure

由预制混凝土构件通过可靠的连接方式进行连接并与现场后浇混凝土、水泥基灌浆料形成整体的装配式混凝土结构，简称装配整体式混凝土结构。

2.0.4 预制混凝土构件 precast concrete component

在工厂或现场预先生产制作的混凝土构件，简称预制构件。

2.0.5 建筑信息模型 building information model（BIM）

全寿命期工程项目或其组成部分的物理特征、功能特性及管理要素的共享数字化表达。

2.0.6 代码 code

代码是一个或一组有序的，易于计算机和人识别与处理的符号，可简称"码"。

2.0.7 条码 bar code

由一组规则排列的条、空及其对应字符组成的标记，用以表示一定的信息，可分为一维条码、二维条码、特种条码。

2. 0. 8 射频识别 radio frequency identification（RFID）

在频谱的射频部分，利用电磁耦合或感应耦合，通过各种调制和编码方案，与射频标签交互通信读取唯一射频标签身份的技术。

3 基本规定

3.0.1 生产和施工企业应建立预制构件生产、施工各环节管理信息系统，实现全过程质量追踪、定位、维护和责任追溯。

3.0.2 生产和施工企业应建立信息化管理制度，配备信息化管理人员。

3.0.3 生产和施工企业应根据自身需求，选择信息系统和网络基础设施并配备适宜设备。

3.0.4 预制构件生产和施工信息化管理过程中，应对信息资源进行编码、储存、传递、分析和维护。

3.0.5 预制构件的生产材料、生产过程控制、出入库、运输、现场安装及验收等信息应实时同步至管理信息系统。

3.0.6 预制构件生产和施工信息化管理应符合信息安全管理规定。

4 信息化编码

4.1 一般规定

4.1.1 信息编码应规范、唯一、合理、适用、简明。

4.1.2 代码应采用下列字符：

    1 数字码：阿拉伯数字 0~9。

    2 字母码：大写英文字母 A~Z。

4.1.3 地区、厂商等行政级代码应采用国家或行业专门机构编制的代码。

4.1.4 企业应对预制构件、人员、材料、机具设备、生产区、非生产区、生产工序、项目、参建单位、合同、深化设计图纸、计划等进行编码。

4.2 预制构件编码

4.2.1 生产企业应对预制构件进行编码，并在生产、存放、运输及安装阶段对每一预制构件建立相对应的信息数据，至少应包含构件编码、生产人员、材料信息、生产设备、生产区域、非生产区、生产工序、项目参与方、出厂检验、运输信息、交接信息、质检信息、竣工信息等，信息芯片中存储的信息应正确、真实、完整、有效。

4.2.2 预制构件的编码内容应包统一社会信用代码、项目、生产日期、构件类别、生产流水编号、校验码。

4.2.3 构件编码应由 34 位阿拉伯数字或大写英文字母组成。编码结构见图 4.2.3，编码规则见表 4.2.3。

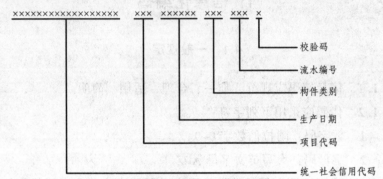

图 4.2.3 预制构件编码结构

表 4.2.3 预制构件编码规则

序号	内容	占位	代码类型	示例	示例说明	编写规则
1	统一社会信用代码	18	字符			国家工商行政主管部门统一颁发
2	项目代码	3	数字+字母	0A1	编号为 0A1 的项目	项目代码由生产单位自行编制
3	生产日期编码	6	数字	170101	表示 2017 年 1 月 1 日生产的预制构件	生产日期代表预制构件的混凝土浇筑日期
4	构件类别	3	字母	YWQ	"YWQ"表示"预制外墙"	按附录 A 采用
5	流水编号	3	数字	001	顺序号为 1	根据录入顺序自动生成
6	校验码	1	数字	1		系统自动随机生成

4.3 企业编码

4.3.1 企业编码的对象是企业经营活动中所涉及的各种信息实体，应包括人员、材料、机具设备、生产区、非生产区、生产工序、项目、参建单位、合同、深化设计图纸、计划等。

4.3.2 企业级信息编码应由企业内部编制。

4.3.3 人员编码适用于对人员的管理、考勤、考核以及不同系统之间的信息交互。人员编码结构应符合图 4.3.3 规定，资源类别代码应按附录 B 采用，职业分类代码编制应按现行国家标准《职业分类与代码》GB/T 6565 采用，用人形式类别代码应按附录 C 采用。

图 4.3.3 人员编码结构

4.3.4 材料编码适用于材料的采购、分配使用、追踪等管理以及不同系统之间的信息交互。材料编码结构应符合图 4.3.4 规定，资源类别代码应按附录 B 采用，材料类别代码由大类别代码、中类别代码、小类别代码组成，材料类别代码应按附录 D 采用。

图 4.3.4　材料编码结构

4.3.5　机械设备编码适用于机械设备的采购、使用、维护、更新换代以及不同系统之间的信息交互。机械设备编码结构应符合图 4.3.5 规定，资源类别代码应按附录 B 采用，机械设备类别代码应用设备名称汉语拼音的首字母表示，占 4 位，缺省用字母 U 表示。

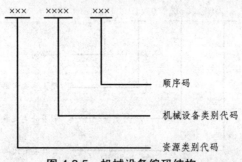

图 4.3.5　机械设备编码结构

4.3.6　生产区编码适用于查询、统计以及不同系统之间的信息交互。生产区编码结构应符合图 4.3.6 规定，功能区代码应按附录 E 采用，车间代码用两位数字表示。

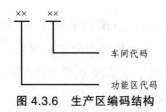

图 4.3.6　生产区编码结构

4.3.7　非生产区编码适用于查询、统计以及不同系统之间的信息交互。非生产区编码结构应符合图 4.3.7 规定，功能区代码应按附录 E 采用，区域属性代码用字母+数字表示，第 1 位字母 S，第 2 至第 5 位用数字表示面积，面积单位为"m^2"，不足 5 位时高位用"0"表示。

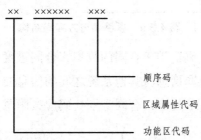

图 4.3.7　非生产区编码结构

4.3.8　生产工序编码适用于查询、统计、效率分析以及不同系统之间的信息交互。工序编码结构应符合图 4.3.8 规定，工序代码应按附录 F 采用，工位代码用数字表示。

图 4.3.8　生产工序编码结构

4.3.9 项目参与方的信息编码适用于对项目参与方的沟通联系、管理、评价及不同系统之间的信息交互。项目参与方编码结构应符合图 4.3.9 规定，资源类别代码应按附录 B 采用，项目参与方类别代码应按附录 G 采用。

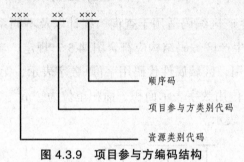

图 4.3.9 项目参与方编码结构

4.3.10 合同编码适用于合同的收集，合同进度信息跟踪，合同成本控制以及合同信息与其他系统之间的信息交互，合同编码结构应符合图 4.3.10 规定，合同类别代码应按附录 H 采用。

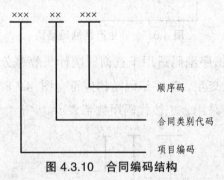

图 4.3.10 合同编码结构

4.3.11 构件深化设计图编码适用于图纸的进度跟踪、查询、收集、变更、管理及图纸信息与其他系统之间的信息交互，图纸编码结构应符合图 4.3.11 规定，构件深化设计图类别代码应按附录

J 采用，图纸版本号根据实际版本编号编制。

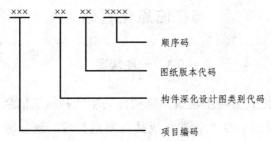

图 4.3.11　构件深化设计图编码结构

4.3.12　计划编码适用于对各种计划的跟踪、查询、分析、考核及计划信息与其他系统之间的信息交互，计划编码结构应符合图 4.3.12 规定，计划类别代码应按附录 K 采用。

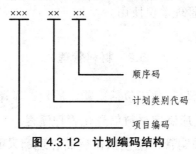

图 4.3.12　计划编码结构

5 信息化管理

5.1 一般规定

5.1.1 装配式混凝土建筑预制构件的生产和施工信息化管理应包括材料管理、生产管理、成品与发运管理、现场施工管理等方面。

5.1.2 生产和施工企业采用的建筑信息模型（BIM）应具有唯一性、可交换性，交换工具应具有兼容性。

5.1.3 工程竣工后，生产和施工企业宜形成完整的 BIM 竣工模型，且可供运营管理单位使用。

5.2 材料管理

5.2.1 材料信息化管理应包括采购、质检、库存等三个环节。

5.2.2 生产企业应制定材料信息化管理流程。

5.2.3 材料的采购管理应包括供货商管理、采购计划管理、采购过程管理，并满足下列要求：

    1 企业应选择合格的材料供货商并对其进行编码，供货商的基本信息应录入信息系统。

    2 采购计划管理应建立采购计划与采购申请单、采购合同、原材料库存、进度信息等之间的联系，采购计划应进行编码。

    3 企业应及时收集并录入原材料到货、出库、进场和耗用信息，并进行动态对比分析，实时调整采购量。

5.2.4 材料进场时，应核查材料信息，进行质量验收，并将材料信息和验收资料录入信息管理系统中，且材料信息和验收资料应满足下列要求：

    1 材料信息应包括材料的产地、厂商、生产日期及材料的品种、规格、标识、尺寸、产品合格证、质量证明文件、产品检验报告等。

    2 验收资料应包括进场验收记录、抽样复验报告等。

5.2.5 材料的库存管理应包括材料入库、出库、盘点、余料等仓储管理全过程。

5.3 生产管理

5.3.1 预制构件信息化生产管理应包括模具管理、计划管理、进度管理、工艺管理、质量管理、安全管理。

5.3.2 生产企业应建立预制构件信息化生产管理系统，宜运用建筑信息模型（BIM）、信息平台、RFID芯片及条码等技术。

5.3.3 生产企业应制定生产管理中的信息化管理流程。

5.3.4 生产企业应根据构件订单制定生产计划，并对生产计划进行编码。

5.3.5 预制构件生产过程应收集和录入关键工序、检查验收等信息。

5.3.6 构件信息应通过芯片或条码标识在构件上，RFID芯片或二维条码的埋置深度应与现有设备、技术等相适应，埋置位置应便于安装、读取及长期保存，且应满足下列要求：

    1 叠合楼板宜埋置在叠合楼板底面短边中点且距短边边缘200 mm处。

2 叠合梁宜埋置在梁侧短边中点且距边缘 200 mm 处。

3 预制楼梯宜埋置在预制楼梯顶部梯段平台侧面短边中点且距短边边缘 200 mm 处。

4 预制外墙板、外挂板宜埋置在预制外墙板内页墙收光面左上角，距两边边缘 200 mm 处。

5 预制柱宜埋置在不被填充墙体遮挡的收光面短边中点且距上部短边边缘 200 mm 处。

6 其他异形的预制构件 RFID 芯片安装位置，宜根据实际生产、安装、施工情况进行合理布置。

5.3.7 企业应对埋设好的信息芯片采取保护措施，防止其在运输、堆放、安装及使用过程中受到损坏。

5.4 成品与发运管理

5.4.1 预制构件的成品与发运管理应包括成品的质检、入库、库存、出库、运输、返厂等各环节的管理。

5.4.2 生产企业应制定成品与发运管理中的信息化管理流程。

5.4.3 预制构件入库前应进行成品质量验收，验收时应收集构件检查资料，核对构件信息，检查构件的外观、标识及尺寸，并将所搜集的信息与验收记录及时录入信息系统。

5.4.4 预制构件的库存区域应进行编码，建立库存区域信息与构件信息之间的联系。

5.4.5 库存管理应通过录入构件信息，确认预制构件的库存情况，编制各类报表及生产计划。

5.4.6 成品的发运管理应根据装配式混凝土建筑的工艺顺序及

施工企业提出的构件需求编制发运计划，发运计划应进行编码，并应建立发运计划与构件信息、构件发运状态、发货清单等之间的联系。

5.4.7 预制构件发运过程中应录入构件发运信息，对构件发运状态进行实时跟踪。

5.5 现场施工管理

5.5.1 现场施工的信息化管理应包括订单管理、构件进场管理、构件安装管理、进度动态管理、质量及验收管理、定额及成本管理等方面。

5.5.2 施工企业应制定施工管理的信息化管理流程。

5.5.3 现场施工之前，应收集和整理技术资料，做好技术准备工作。

5.5.4 施工企业应依据项目计划的总要求编制施工计划，对施工计划进行编码，并应建立施工计划与施工进度信息、质量信息、安全信息等之间的联系。

5.5.5 在预制构件的订单管理中应收集并录入构件进出场和耗用信息，及时编制采购计划。

5.5.6 预制构件进场时应检查构件的出厂合格证及质量证明文件，核对构件信息，检查构件的外观、标识及尺寸等，并将构件的进场信息及验收记录录入信息系统后作收货确认。对不合格的构件应作拒收处理，并将拒收原因及相关信息录入信息系统。

5.5.7 预制构件安装时应通过 RFID 芯片、条码等技术，查询构件参数，安装就位后应收集并录入构件的安装信息。

5.5.8 施工进度管理中应实时采集施工实际进度信息，并将进度信息及时反馈给 BIM 模型。

5.5.9 项目竣工时，应对采集的信息进行整理和分析，并将完工信息反馈给 BIM 模型，形成可交付的完整的 BIM 竣工模型。

6 信息系统管理

6.1 一般规定

6.1.1 信息系统的建设应遵循高可靠性、创新性、整体性、扩展性、安全性等原则，并充分考虑其经济性。

6.1.2 信息系统的建设应符合自主保护级安全管理规定。

6.2 软件系统

6.2.1 装配式混凝土建筑预制构件信息化管理的软件系统应符合网络即时协同、同步建模的要求。

6.2.2 各参与方使用的工具和平台应具备互用性，满足电子文件的交换要求

6.2.3 企业宜选用适宜的 BIM 软件平台，平台端口数量应满足用户需求。

6.3 运行维护及安全管理

6.3.1 在构件生产和施工信息化管理过程中，应保证采集的数据正确、真实、有效和完整。

6.3.2 信息系统在运行过程中应主要对程序、数据、设备等进行维护。

6.3.3 软件及数据的安全管理可采用以下措施：

1 软件及数据文件应进行定时多套备份和异地备份。

2 重要数据可采取物理隔离的方法进行保护。

3 应经常对存储的数据与运行中的数据进行监视与检查，确保数据的正确性。

4 应选择合适的防病毒软件、操作系统、安全管理软件、数据库软件等。

5 宜对数据操作的重要场所进行视频监控。

附录 A 构件类别代码

表 A 构件类别代码

名 称	代码	名 称	代码	备 注
预制外墙	YWQ	过 梁	GLU	
预制内墙	YNQ	设备基础	SJU	
柱	ZUU	圈 梁	QLU	
梁	LUU	吊车梁	DLU	
叠合板预制底板	DBU	女儿墙	NEQ	1. 宜按照标准图集或设计图纸的构件简称来确定，共三位；
双跑楼梯	STU	支 撑	ZCU	
剪刀楼梯	JTU	预埋件	YMU	
阳台板	YTB	门	MUU	2. 预制构件名称缺省位统一用字母"U"表示
预制外墙模板	JMU	窗	CUU	
挂 板	GBU	墙面铺装部品	QZU	
空调板	KTB	地面铺装部品	DZU	
隔 墙	GQU	雨 篷	YPU	
…	…	…	…	

附录 B 资源类别代码

表 B 资源类别代码

名　称	代　码	名　称	代　码	备　注
人力资源	01	法定代表人	1	
		管理人员	2	
		技术工人	3	
		操作人员	4	
		其他	5	
材料	02	生产材料	1	
		施工材料	2	
机械设备	03	生产机械设备	1	
		施工机械设备	2	
		检测检验设备	3	
成品	04	混凝土构件	1	
		钢结构构件	2	
		其他	3	
办公用具	05	办公用具	1	
土地资源	06	农用地	1	
		建设用地	2	
		未利用地	3	
建筑物	07	民用建筑	1	
		工业建筑	2	
		构筑物	3	
其他	99	—	0	

附录 C 用人形式类别代码

表 C 用人形式类别代码

名　称	代码	备　注
录用	10	机关招录公务员制度
订立短期合同	21	聘用单位与受聘人员订立 3 年（含）以下的合同。一般对流动性强、技术含量低的岗位签订短期合同
订立中期合同	22	聘用单位与受聘人员订立 3 年（含）以上的合同
订立长期合同	23	聘用单位与受聘人员订立至职工退休的合同
订立项目合同	24	聘用单位与受聘人员订立以完成一定工作为期限的合同
聘任	30	机关对专业性较强的职位和辅助性职位实行的公务员管理制度
订立固定期限劳动合同	41	用人单位与劳动者订立确定合同终止时间的劳动合同
订立无固定期限劳动合同	42	用人单位与劳动者订立无确定终止时间的劳动合同
订立以完成一定工作任务和期限的劳动合同	43	用人单位与劳动者订立以某项工作的完成为合同期限的劳动合同
劳务派遣	51	用工单位通过与用人单位订立劳务派遣协议，接收派遣劳动者的用工形式。一般在临时性、辅助性或替代性的工作岗位上实施

名称	代码	备注
非全日制用工	52	以小时计酬为主,劳动者在同一用人单位一般平均每日工作时间不超过四小时,每周工作时间累计不超过二十四小时的用工形式
外聘人员	53	用人单位外部人员,从企业外部聘用的人员
外协人员	54	用人单位外部人员,指与用人单位有业务关系的非聘用人员
其他形式	90	民办非企业单位等上述未包括的用人形式

附录 D 材料类别代码

表 D 材料类别代码

名称	大类代码	名称	中类代码	名称	小类代码	备注
主材	01	钢材	01	钢筋	01	不细分的类别代表用两位数"00"表示
				钢板	02	
				型钢	03	
				钢管	04	
				钢制预埋件	05	
				其他	99	
		混凝土	02	水泥混凝土	01	
				沥青混凝土	02	
				聚合物混凝土	03	
				石膏混凝土	04	
				其他	99	
辅材	02	连接材料	01	预埋件	01	
				焊接材料	02	
				螺栓连接构配件	03	
				钢筋连接套筒与配件	04	
				保温连接件	05	
				座浆料	06	
				灌浆料	07	
				其他	99	

名称	大类代码	名称	中类代码	名称	小类代码	备注
辅材	02	保温材料	02	墙体保温材料	01	不细分的类别代表用两位数"00"表示
				屋面保温材料	02	
				楼面保温材料	03	
				其他	99	
		饰面材料	03	油漆	01	
				涂料	02	
				面砖	03	
				石材	04	
				幕墙	05	
				其他	99	
		门窗材料	04	塑钢	01	
				铝合金	02	
				木质	03	
				其他	99	
		防水材料	05	不细分	00	
		防火材料	06	不细分	00	
		密封材料	07	不细分	00	
		吊具	08	不细分	00	

附录 E 功能区类别代码

表 E 功能区类别代码

名 称	代 码	备 注
模具组装区	MJ	
实验区	SY	
原材料存储区	YC	
生产区	SC	
成品堆放区	CP	
办公区	BG	
生活区	SH	
其他	QT	

附录 F 工序类别代码

表 F 工序类别代码

名 称	代 码	备 注
模具清理	01	
涂刷脱模剂	02	
钢筋下料	03	
钢筋绑扎	04	
保温材料安装	05	
预埋件安装	06	
检验	07	
混凝土浇筑	08	
蒸汽养护	09	
拆模	10	
成品检验	11	
入库	12	
养护	13	
其他	99	

附录 G 项目参与方类别代码

表 G 项目参与方类别代码

名 称	代 码	备 注
建设单位	01	
代建单位	02	
监理单位	03	
设计单位	04	
勘察单位	05	
施工单位	06	
监督单位	07	
供货单位	08	
分包单位	09	
检测单位	10	
运输单位	11	
运维单位	12	
其他	13	

附录 H 合同类别代码

表 H 合同类别代码

名　称	代　码	备　注
总包合同	ZB	
专业分包合同	ZY	
监理合同	JL	
工程设计合同	SJ	
工程勘察合同	KC	
采购合同	CG	
监测合同	JC	
加工合同	JG	
运输合同	YS	
劳务合同	LW	
借款合同	JK	
投资合同	TZ	
咨询合同	ZX	
劳动合同	LD	
其他	QT	

附录 J 构件深化设计图类别代码

表 J 构件深化设计图类别代码

名 称	代码	备注
平面布置图	PM	两位字母表示，缺省位用字母"U"表示
立面布置图	LM	
剖面图	PU	
构件详图	XT	
节点大样图	JD	
其他	QT	

附录 K 计划类别代码

表 K 计划类别代码

名　称	代码	备注
施工进度计划	SG	
安全控制计划	AQ	
质量管理计划	ZL	
成本控制计划	CB	
资金使用计划	ZJ	
物资采购计划	CG	
物资使用计划	SY	
其他	QT	

本标准用词说明

1 为便于在执行本标准条文时区别对待,对要求严格的程度不同的用词用语说明如下:

　　1）表示很严格,非这样做不可的用词:

　　　　正面词采用"必须",反面词采用"严禁"。

　　2）表示严格,在正常情况下均应这样做的用词:

　　　　正面词采用"应",反面词采用"不应"或"不得"。

　　3）表示允许稍有选择,在条件许可时首先应这样做的用词:

　　　　正面词采用"宜",反面词采用"不宜"。

　　4）表示有选择,在一定条件下可以这样做的,采用"可"。

2 标准中指定按其他有关标准的规定执行时,写法为"应符合……的规定（或要求）"或"应按……执行"。

引用标准名录

1 《法人和其他组织统一社会信用代码编码规则》GB 32100

2 《中华人民共和国行政区划代码》GB/T 2260

3 《职业分类与代码》GB/T 6565

4 《信息分类和编码的基本原则与方法》GB/T 7027

5 《分类与编码通用术语》GB/T 10113

6 《条码技术》GB/T 12905

7 《用人单位用人形式分类与代码》GB/T 16502

8 《企业信息分类编码导则 第一部分：原则与方法》GB/T 20529.1

9 《企业信息分类编码导则 第二部分：分类编码体系》GB/T 20529.2

10 《信息技术 自动识别和数据采集技术 词汇 第 3 部分：射频识别》GB/T 29261.3

11 《四川建筑工程设计信息模型交付标准》DBJ51/T 047

四川省工程建设地方标准

四川省装配式混凝土建筑预制构件生产和施工信息化技术标准

DBJ51/T088－2017

条 文 说 明

目　次

1 总 则

1.0.1 本标准的制定，主要为规范装配式混凝土建筑预制构件生产和施工的信息化管理，达到生产、施工一体的信息化管理的目的。

2 术 语

2.0.1 装配式建筑是一个系统工程，由结构系统、外维护系统、设备与管线系统、内装系统四大系统组成，是将预制部品部件通过模数协调、模块组合、接口连接、节点构造和施工工法等集成装配而成的，能在工地高效、可靠地装配并做到主体结构、建筑围护、机电装修一体化的建筑。它有以下几个方面的特点：

  1 以完整的建筑产品为对象，以系统集成为方法，体现加工和装配需要的标准化设计。

  2 以工厂精益化生产为主的部品部件。

  3 以装配和干式工法为主的工地现场。

  4 以提升建筑工程质量安全水平，提高劳动生产效率，节约资源能源，减少施工污染和建筑的可持续发展为目标。

  5 基于 BIM 技术的全链条信息化管理，实现设计、生产、施工、装修和运维的协同。

2.0.3 当主要受力预制构件之间的连接，如柱与柱、墙与墙、梁与柱或墙等预制构件之间，通过后浇混凝土和钢筋套筒灌浆连接等技术进行连接时，足以保证装配式结构的整体性能，使其结构性能与现浇混凝土基本等同，此时称其为装配整体式结构。

2.0.4 预制构件是指不在现场原位支模浇筑的构件。它们不仅包括在工厂制作的预制构件，还包括由于受到施工场地或运输等条件限制，而又有必要采用装配式结构时，在现场制作的预制构件。本标准的预制构件信息化管理主要针对的是工厂制作的预制构件。

3 基本规定

3.0.1 本条的管理信息系统是指利用计算机硬件、软件，网络通信设备以及其他办公设备，进行信息的收集、传输、加工、储存、更新、拓展和维护的系统。

3.0.3 本条的信息系统主要指用于信息化管理的软件系统。

3.0.5 为保证项目的进度监控及装配式混凝土建筑工程质量的可追溯性，预制构件及部品的原材料入库，生产过程检验，生产出入库，运输与现场安装及验收等信息应实时上传至信息化管理系统，上传单位或个人应当对资料的真实性、准确性、完整性、有效性负责。

4 信息化编码

4.1 一般规定

4.1.2 数字码是采用阿拉伯数字字符集（0～9）作为各个码位的有效字符，结构简单，使用方便，操作效率高；字母码（A～Z）容量大，易于人工记忆，使用也比较广泛。

4.2 预制构件编码

4.2.3 成品构件编码应由行政级代码和企业级代码组成，第 1～18 位为"社会信用代码"，属于行政级代码，由国家工商行政主管部门颁发；第 19～21 位为"项目代码"，由生产单位自行编制；第 22～27 位为"生产日期"，按照预制构件生产日期编码；第 28～30 位为"构件类别"；第 31～33 位为"流水编号"，按照"同日期生产、同类别的每一构件一个编号"的原则编制；第 34 位为"校验码"由系统自动随机生成"0～9"的阿拉伯数字。

4.3 企业编码

4.3.3 职业分类代码采用线分类法对职业进行划分，编码方法采用 5 位数字层次码，第 1 位表示大类，第 2、3 为代码表示中类，第 4、5 位代码表示小类，具体的分类结构及代码应按现行国家标准《职业分类与代码》GB/T 6565 采用。

4.3.5 机械设备类别代码应用设备名称汉语拼音的首字母表示，占 4 位，缺省用字母 U 表示，如"抹光机"，代码应为"UMGJ"。

5 信息化管理

5.1 一般规定

5.1.2 BIM 模型的创建应符合现行国家标准《建筑信息模型应用统一标准》GB/T 51212 和地方标准《四川建筑工程设计信息模型交付标准》DBJ51/T 047 的规定。为避免项目参与方重复建模，建筑信息模型（BIM）应具备唯一性，且应满足构件的生产、安装、运营维护等各阶段相关方协同工作的要求。建模软件宜满足装配式建筑设计、构件生产、安装施工、运维的信息传递的需求。

5.1.3 运营管理承担了运营与维护阶段的管理任务，它的目的是在建筑交付使用后，物业管理公司能通过一种有效的管理手段，为所有客户提供安全、高效、便捷、节能、环保、健康的建筑环境。

5.2 材料管理

5.2.2 生产企业应制定装配式混凝土建筑预制构件生产材料的信息化管理流程，如图 1 所示。

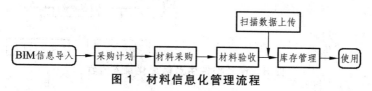

图 1 材料信息化管理流程

5.2.5 在进行材料库存信息化管理时，应对原材料库存区域进行信息化编码。材料的库存管理可结合 RFID 芯片或条码技术，收集和录入原材料的库存信息，以便根据用料情况、库存情况、成本情况自动生成各类报表。

5.3 生产管理

5.3.3 生产企业应制定生产管理中的信息化管理流程，如图 2 所示。

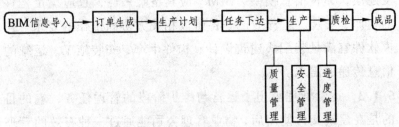

图 2 生产信息化管理流程

5.3.5 预制构件生产信息应及时录入信息系统，并能及时准确地向项目参与方传递信息数据。信息录入流程如 3 所示。

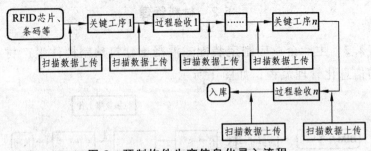

图 3 预制构件生产信息化录入流程

46

5.4 成品与发运管理

5.4.2 生产企业应制定生产管理中的信息化管理流程，如图4所示。

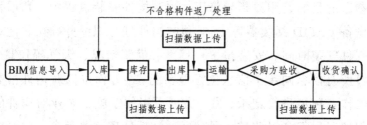

图4 成品与发运信息化管理流程

5.4.5 构件进行入库登记时，填写构件的实际入库数量、入库日期等信息，办理构件的入库手续并写入信息系统。构件存放时，读取货位标签中的位置信息并写入信息系统。构件出库时，填写构件的实际出库数量、出库日期等信息并写入信息系统。

5.5 现场施工管理

5.5.2 施工企业应制定施工管理中的信息化管理流程，如图5所示。

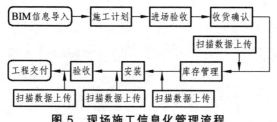

图5 现场施工信息化管理流程

5.5.5 施工企业可以利用预制构件信息化管理平台及时向生产单位提出构件的需求计划,需求计划通过信息化管理平台向构件生产单位自动生成订单。

5.5.7 预制构件安装时通过 RFID 芯片、条码等技术查询构件参数的目的是用以指导施工。预制构件安装过程中,利用手持设备(RFID 阅读器等),对预制构件进行识读并确认,记录预制件安装时间、安装位置、精度、灌浆情况、天气等信息,并将所有信息同步于信息化管理系统。一方面可以对构件吊装时的作业环境进行记录,另一方面可以便于施工企业对构件的安装情况进行实时监控,同时通过分析处理这些信息,对可能产生的质量问题提供制定纠正、预防信息。

5.5.8 通过预制构件的各环节信息录入,系统平台将自动记录预制构件的制作、运输、入场、存放及安装的动态信息,借助系统平台不仅可实现对整个工程的实时进度情况进行监管,还可细化到对各单体的进度情况乃至各单个预制构件制作、运输、存放、安装情况的实时监管。

6 信息系统维护及安全管理

6.3 运行维护及安全管理

6.3.2 程序维护是指对信息系统的构成程序进行修改、更新、合并、删除、新建等工作；数据维护是指对信息系统数据本身及数据文件的维护，包括新添数据或文件，修改数据或文件，删除数据或文件等任务；设备维护主要是指计算机硬件系统及网络通信系统涉及的所有设备进行日常保养、故障修理和设备更新等。